BEI GRIN MACHT SICH IHR WISSEN BEZAHLT

AF148924

- Wir veröffentlichen Ihre Hausarbeit, Bachelor- und Masterarbeit

- Ihr eigenes eBook und Buch - weltweit in allen wichtigen Shops

- Verdienen Sie an jedem Verkauf

Jetzt bei www.GRIN.com hochladen und kostenlos publizieren

Peter Klapper

Adsorptionsgleichgewichte von Di(2-ethylhexyl)phos-phorsäure an der Wasser-Dodekan-Phasengrenze. Einfluss der Zinkextraktion

GRIN Verlag

Bibliografische Information der Deutschen Nationalbibliothek:

Die Deutsche Bibliothek verzeichnet diese Publikation in der Deutschen National-
bibliografie; detaillierte bibliografische Daten sind im Internet über http://dnb.d-
nb.de/ abrufbar.

Impressum:

Copyright © 2014 GRIN Verlag GmbH
Druck und Bindung: Books on Demand GmbH, Norderstedt Germany
ISBN: 978-3-656-74263-0

Dieses Buch bei GRIN:

http://www.grin.com/de/e-book/280101/adsorptionsgleichgewichte-von-di-2-
ethylhexyl-phosphorsaeure-an-der-wasser-dodekan-phasengrenze

Adsorptionsgleichgewichte von Di(2-ethylhexyl)phosphorsäure an der Wasser-Dodekan-Phasengrenze: Einfluss der Zinkextraktion

In dieser Arbeit wird die Grenzflächenaktivität vollständig mit Zink beladener HDEHP-Komplexe vorgestellt. Durch die Variation verschiedener Elektrolytzusätze und Kationenaustauscherkonzentrationen wird gezeigt, wie sich die Extraktionsgleichgewichte auf die Gleichgewichtsgrenzflächenspannung auswirken.

Die im ersten Teil der Veröffentlichung für das Stoffsystem Wasser-Elektrolyt/Dodekan-HDEHP ohne Metallsalzextraktion validierte Modellierungsstrategie der Gleichgewichtsgrenzflächenspannung wird auf das erweiterte Stoffsystem angewandt. Dazu wird die früher verwendete Gibbs-Duhem'sche Gleichung um die beiden Komponenten ligandenfreier Zinkkomplex und Zinkion ergänzt. Als Adsorptionsisotherme für die grenzflächenaktiven Stoffe kommen wiederum die Langmuir-Isothermen der Mehrkomponentenadsorption und für die Gegenionenanreicherung die Stern'schen Isothermen zum Einsatz. Die ausgeprägte Aggregationsneigung vollständig mit Zink beladener HDEHP-Komplexe wird über ein einfaches Modell beschrieben, welches dem Modell der Mizellbildung des anionischen Kationenaustauscherrestes nachempfunden ist. Insgesamt wird eine akzeptable Wiedergabe der gemessenen Grenzflächenspannungsverläufe durch das Modell erzielt.

1 Stand des Wissens

Bei der Flüssig-Flüssig-Extraktion gehen in der Phasengrenze die Konzentrationsverläufe der beiden unterschiedlichen Flüssigkeiten stetig ineinander über. Die Phasengrenze selber ist kein zweidimensionales Feld sondern ein Volumen mit geringer Dicke. Sobald ein lokales Konzentrationsmaximum einer Substanz in der Phasengrenze vorliegt, spricht man von einem grenzflächenaktiven Stoff. Wegen der daraus resultierenden Konzentrationsüberhöhung gegenüber den beiden Flüssigkeiten, prägen solche Stoffe die Eigenschaften der Phasengrenze. Die Anreicherung in der Phasengrenze wird durch die Grenzflächenkonzentration beschrieben, die eine Mittelung des Konzentrationsverlaufs über die Dicke der Phasengrenze darstellt und im Gleichgewichtszustand über die Adsorptionsisotherme mit den Aktivitäten der grenzflächenaktiven Komponenten in den beiden Flüssigkeiten korreliert wird. Weil die adsorbierten Stoffe die Grenzflächenspannung zwischen den Flüssigkeiten verändern, nutzt man diese Stoffgröße, um die Anreicherung in der Phasengrenze zu beschreiben. Die Grenzflächenspannung selber ist ein wesentlicher stofflicher Parameter, der in dispersen

Systemen das Tropfenverhalten prägt und daher die Bauform und Apparatedimension technischer Extraktoren beeinflusst [1,2].

Der Modellierung der Adsorptionsgleichgewichte kommt bei der Flüssig-Flüssig-Extraktion mit grenzflächenaktiven Reaktanden bei der Beschreibung von Nichtgleichgewichtsprozessen eine besondere Bedeutung zu. Für die Tensidadsorption ist bekannt, dass die Anreicherung eines Stoffes aus der Volumenphase in der Phasengrenze mit und ohne kinetische Hemmung erfolgen kann [3,4,5]. Wenn die Adsorption aus dem grenzflächennahen Volumen unverzögert ist, wird der Übertritt in die Phasengrenze durch das Adsorptionsgleichgewicht bestimmt. Bei einer kinetischen Hemmung des Übertritts verwendet man sorptionskinetische Beziehungen, die sich im stationären Zustand konsistent in die Adsorptionsisothermen überführen lassen, sodass auch in diesem Fall aus den Adsorptionsgleichgewichten der kinetische Sorptionsmechanismus deduziert werden kann.

Im ersten Teil der Veröffentlichungsreihe [6] wurden die Adsorptionsgleichgewichte von Di(2-ethylhexyl)phosphorsäure - kurz HDEHP - an der Wasser-Dodekan-Phasengrenze ohne Metallsalzextraktion dargestellt. In diesem Teil wird das entwickelte Modell auf die Zinkextraktion angewandt.

Ein in der Literatur vertretener Irrglaube ist, dass die Grenzflächenspannung bei der Zinkextraktion nur von der Kationenaustauscherkonzentration abhängig ist [7,8]. Eigene Untersuchungen [9] hingegen zeigen, dass der unsolvatisierte Zinkkomplex grenzflächenaktiv ist, die mit HDEHP solvatisierten Zinkkomplexe jedoch nicht. Aufgrund der Solvatisierungsneigung der Zinkkomplexe liegen diese bei ausreichender HDEHP-Vorlage nur in der solvatisierten Form vor und die Grenzflächenspannung wird durch die ungebundenen HDEHP-Moleküle in Form der Monomere und ihrer Anionen festgelegt. Die Grenzflächenaktivität des ligandenfreien Zinkkomplexes kann man daher nur bei fast vollständig beladenem Kationenaustauscher untersuchen.

2 Experimentelles

Vor der tensiometrischen Untersuchung wurden beide Phasen bei einem konstanten Volumenverhältnis 24 Stunden in einer Schüttelvorrichtung gemischt. Wegen des Gleichgewichtes zwischen den beiden Phasen, konnten so systematische Ungenauigkeiten, die aus unterschiedlichen Vorlagevolumina bei den tensiometrischen Experimenten resultieren, unterdrückt werden.

Das Zink wurde aus sulfatischen Lösungen extrahiert. Neben der Variation der Konzentrationen des Kationenaustauschers und des Zinksulfates in den jeweiligen Vorlagen wurden die

Extraktionen bei Zugabe verschiedenen Schwefelsäure- bzw. Natriumsulfatmengen durchgeführt. Im Hinblick auf die Modellierung wurde zur Reduzierung der Bilanzgleichungsanzahl der pH-Wert gemessen.

Die Bestimmung der Gleichgewichtsgrenzflächenspannung erfolgte bei 20°C am hängenden wässerigen Tropfen in einer mit der Dodekanphase befüllten Messküvette als stationärer Wert nach der Methode der Tropfenprofilanalyse, bei der die Tropfenkontur eines als Schattenbild erfassten rotationssymmetrischen Tropfens theoretisch über die Gauß-Laplace-Gleichung mit der Grenzflächenspannung als Fitting-Parameter angepasst wird [10]. Der apparative Aufbau ist im ersten Teil dieser Veröffentlichungsreihe dargestellt [6].

Die verwendeten Chemikalien bis auf den eingesetzten Kationenaustauscher (Hersteller Sigma) wurden auf mögliche Verunreinigungen anhand tensiometrischer Messungen überprüft und im Fall des Verdünnungsmittels (n-Dodekan, Hersteller Merck) durch mehrmaliges Waschen mit destilliertem Wasser aufbereitet.

Für die Bestimmung der extraktiven Gleichgewichtsdaten wurden 10 ml ölige mit 20 ml wässrige Phase in einer Rühranordnung 24 Stunden gemischt. Nach erfolgter Phasentrennung wurde in der wässrigen Phase der pH-Wert gemessen. Anschließend wurde die wässrige Probe mittels ICP-AES auf den Zinkgehalt hin untersucht. Die HDEHP-Ausgangskonzentrationen wurden zwischen 1 mmol/l und 1 mol/l variiert. Alle anderen wasserseitigen Zugaben - Zinksulfat, Natriumsulfat, Schwefelsäure - wurden entsprechend den Konzentrationen der tensiometrischen Messreihen zwischen 10^{-4} und 10^{-1} mol/l verändert.

3 Modellbildung

Anders als im ersten Teil der Veröffentlichungsreihe [6] muss neben der primären Adsorption des Monomers und des Kationenaustauscheranions die Adsorption des ligandenfreien Zinkkomplexes bedacht werden. Auch die sekundäre Gegenionenadsorption muss gegenüber dem System ohne Zinkextraktion um den Einfluss der Zinkionen erweitert werden. Wegen dieser Ergänzungen erhält man für die Gibbs´sche Adsorptionsgleichung:

$$d\gamma = -\Re T\left[\Gamma_{\overline{HR}}\frac{da_{\overline{HR}}}{a_{\overline{HR}}}+\Gamma_{H^+}\frac{da_{H^+}}{a_{H^+}}+\Gamma_{R^-}\frac{da_{R^-}}{a_{R^-}}+\Gamma_{Na^+}\frac{da_{Na^+}}{a_{Na^+}}+\Gamma_{\overline{ZnR_2}}\frac{da_{\overline{ZnR_2}}}{a_{\overline{ZnR_2}}}+\Gamma_{Zn^{2+}}\frac{da_{Zn^{2+}}}{a_{Zn^{2+}}}\right] \quad (1)$$

In diese Gleichung werden die sich aus der Mehrkomponentenadsorption ergebenden Langmuir´schen Isothermen eingeführt.

$$\Gamma_{\overline{HR}} = \Gamma_{\infty,\overline{HR}}\frac{K_{L,\overline{HR}}\,a_{\overline{HR}}}{1+K_{L,\overline{HR}}\,a_{\overline{HR}}+K_{L,R^-}\,a_{R^-}+K_{L,\overline{ZnR_2}}\,a_{\overline{ZnR_2}}} \quad (2)$$

3

$$\Gamma_{R^-} = \Gamma_{\infty,R^-} \frac{K_{L,R^-} a_{R^-}}{1 + K_{L,\overline{HR}} a_{\overline{HR}} + K_{L,R^-} a_{R^-} + K_{L,\overline{ZnR_2}} a_{\overline{ZnR_2}}} \tag{3}$$

$$\Gamma_{\overline{ZnR_2}} = \Gamma_{\infty,\overline{ZnR_2}} \frac{K_{L,\overline{ZnR_2}} a_{\overline{ZnR_2}}}{1 + K_{L,\overline{HR}} a_{\overline{HR}} + K_{L,R^-} a_{R^-} + K_{L,\overline{ZnR_2}} a_{\overline{ZnR_2}}} \tag{4}$$

Die Gegenionenadsorption ist eine Folge der Adsorption des anionischen Kationenaustauscherrestes und wird über die Stern'schen Isothermen beschrieben.

$$\Gamma_{H^+} = \frac{K_{S,H^+} a_{H^+}}{1 + K_{S,H^+} a_{H^+} + K_{S,Na^+} a_{Na^+} + K_{S,Zn^{2+}} a_{Zn^{2+}}} \Gamma_{R^-} \tag{5}$$

$$\Gamma_{Na^+} = \frac{K_{S,Na^+} a_{Na^+}}{1 + K_{S,H^+} a_{H^+} + K_{S,Na^+} a_{Na^+} + K_{S,Zn^{2+}} a_{Zn^{2+}}} \Gamma_{R^-} \tag{6}$$

$$\Gamma_{Zn^{2+}} = \frac{K_{S,Zn^{2+}} a_{Zn^{2+}}}{1 + K_{S,H^+} a_{H^+} + K_{S,Na^+} a_{Na^+} + K_{S,Zn^{2+}} a_{Zn^{2+}}} \Gamma_{R^-} \tag{7}$$

Führt man diese Isothermen und die Verknüpfung zwischen Anion, Proton und Monomer als voneinander abhängigen Aktivitäten [6]

$$\frac{da_{R^-}}{a_{R^-}} = \frac{da_{\overline{HR}}}{a_{\overline{HR}}} - \frac{da_{H^+}}{a_{H^+}} \tag{8}$$

in die Gibbs'schen Adsorptionsgleichung Gl. (1) ein, so erhält man nach erfolgter Integration für die Gleichgewichtsgrenzflächenspannung:

$$\begin{aligned}
\gamma = \gamma_0 &- \Re T \frac{\Gamma_{\infty,\overline{HR}} K_{L,\overline{HR}} a_{\overline{HR}} + \Gamma_{\infty,R^-} K_{L,R^-} a_{R^-}}{K_{L,\overline{HR}} a_{\overline{HR}} + K_{L,R^-} a_{R^-}} \ln\left[1 + \frac{K_{L,\overline{HR}} a_{\overline{HR}} + K_{L,R^-} a_{R^-}}{1 + K_{L,\overline{ZnR_2}} a_{\overline{ZnR_2}}}\right] \\
&- \Re T \Gamma_{\infty,\overline{ZnR_2}} \ln\left[1 + \frac{K_{L,\overline{ZnR_2}} a_{\overline{ZnR_2}}}{1 + K_{L,\overline{HR}} a_{\overline{HR}} + K_{L,R^-} a_{R^-}}\right] \\
&- \Re T \frac{\Gamma_{\infty,R^-} K_{L,R^-} a_{R^-} K_{S,H^+} a_{H^+}}{(1 + K_{S,Na^+} a_{Na^+} + K_{S,Zn^{2+}} a_{Zn^{2+}})(1 + K_{L,\overline{HR}} a_{\overline{HR}} + K_{L,\overline{ZnR_2}} a_{\overline{ZnR_2}}) - K_{L,R^-} a_{R^-} K_{S,H^+} a_{H^+}} \\
&\quad \cdot \ln \frac{1 + \dfrac{K_{L,R^-} a_{R^-}}{1 + K_{L,\overline{HR}} a_{\overline{HR}} + K_{L,\overline{ZnR_2}} a_{\overline{ZnR_2}}}}{1 + \dfrac{1 + K_{S,Na^+} a_{Na^+} + K_{S,Zn^{2+}} a_{Zn^{2+}}}{K_{S,H^+} a_{H^+}}} \\
&- \Re T \frac{\Gamma_{\infty,R^-} K_{L,R^-} a_{R^-}}{1 + K_{L,\overline{HR}} a_{\overline{HR}} + K_{L,R^-} a_{R^-} + K_{L,\overline{ZnR_2}} a_{\overline{ZnR_2}}} \ln\left[1 + \frac{K_{S,Na^+} a_{Na^+}}{1 + K_{S,H^+} a_{H^+} + K_{S,Zn^{2+}} a_{Zn^{2+}}}\right] \\
&- \Re T \frac{\Gamma_{\infty,R^-} K_{L,R^-} a_{R^-}}{1 + K_{L,\overline{HR}} a_{\overline{HR}} + K_{L,R^-} a_{R^-} + K_{L,\overline{ZnR_2}} a_{\overline{ZnR_2}}} \ln\left[1 + \frac{K_{S,Zn^{2+}} a_{Zn^{2+}}}{1 + K_{S,H^+} a_{H^+} + K_{S,Na^+} a_{Na^+}}\right] \tag{9}
\end{aligned}$$

4

Bei der Herleitung dieser Beziehung wird die reaktive Kopplung zwischen dem Monomer und dem Zinkkomplex vernachlässigt. Diese Simplifikation ist problemlos möglich, da der Zinkkomplex nur bei hohen Beladungen auftritt, die mit sehr geringen Monomerkonzentrationen verbunden sind [9].

Bei der Aktivität des Zinkkomplexes in den obigen Gleichungen handelt es sich um die Aktivität der nichtaggregierten Komplexe. Die Aggregation des Zinkorganokomplexes in der Dodekanphase wird analog zur Mizellbildungsreaktion des Anions in der wässrigen Phase [6], die selbst wegen der Zinkextraktion aus sauren Lösungen ohne Bedeutung ist, formuliert.

$$n \cdot \overline{ZnR_2} \Leftrightarrow \left(\overline{ZnR_2}\right)_n \tag{10}$$

Auf der Grundlage des Massenwirkungsgesetzes dieser Reaktion

$$K_{Ag,\overline{ZnR_2}} = \frac{a_{\left(\overline{ZnR_2}\right)_n}}{a_{\overline{ZnR_2}}^n} \tag{11}$$

kann unter der Prämisse, dass die Aggregatbildung ohne Einfluss auf die chemischen Reaktionsgleichgewichte ist, mittels der Gesamtaktivität des Zinkorganokomplexes der nichtaggregierte Anteil über die implizite Berechnungsvorschrift

$$\frac{1 - \alpha_{\overline{ZnR_2}}}{\alpha_{\overline{ZnR_2}}^n} = K_{m,\overline{ZnR_2}} \, a_{\Sigma,\overline{ZnR_2}}^{n-1} \tag{12}$$

ermittelt werden. Aus dem freien Zinkkomplexanteil wird über die Gesamtaktivität des Zinkorganokomplexes die Aktivität der grenzflächenrelevanten Zinkorganokomplexe bestimmt.

$$a_{\overline{ZnR_2}} = \alpha_{\overline{ZnR_2}} \, a_{\overline{ZnR_2},\Sigma} \tag{13}$$

Die Bestimmung der Gesamtaktivität des unsolvatisierten Zinkkomplexes erfolgt auf der Grundlage der Extraktionsgleichgewichte bei Verwendung des Wilson-Modells zur Formulierung der Konzentrationsabhängigkeit der Aktivitätskoeffizienten der verschiedenen Komponenten mit und ohne Zinkbeladung in der Dodekanphase, wobei die Aufteilung des unbeladenen Kationenaustauschers in Monomer und Dimer vernachlässigt wird und nur die Dimere berücksichtigt werden. Diese Näherung ist wegen der ausgeprägten Dimerisationsneigung des Kationenaustauschers in aliphatischen Verdünnungsmitteln ohne größeren Genauigkeitsverlust statthaft [9].

$$\ln \gamma_i = 1 - \ln\left(\sum_j x_j \cdot \Lambda_{ij}\right) - \sum_k \frac{x_k \cdot \Lambda_{ki}}{\sum_j x_j \cdot \Lambda_{kj}} \quad \text{mit} \quad x_i = \frac{c_i}{\sum_j c_j} \tag{14}$$

Bei der Kalkulation der Gleichgewichtskonstanten und der Aktivitätskonstanten wird vereinfachend angenommen, dass die HDEHP-Gesamtmenge in der organischen Phase konstant

5

ist, also der Übertritt in die wässerige Phase vernachlässigbar ist. Da die experimentellen Untersuchungen aufgrund der Zinkextraktion stets im sauren Regime durchgeführt wurden, führt diese Näherung zu keinem nennenswerten Fehler, weil die Löslichkeit von HDEHP in sauren Lösungen gering ist [9]. Für die Analyse der Grenzflächenspannung infolge von Adsorptionsprozessen indes sind diese geringen Mengen hingegen bedeutsam.

Die aus den Zinkverteilungsgleichgewichten ermittelten Wechselwirkungsparameter sind in Tabelle 1 gelistet.

	$C_{12}H_{26}$	$(HR)_2$	$ZnR_2(HR)_2$	$ZnR_2(HR)$	ZnR_2
$C_{12}H_{26}$	1	3,2173	0	0,101	0
$(HR)_2$	0,0381	1	0,0398	0	0
$ZnR_2(HR)_2$	0,0213	0	1	0	0
$ZnR_2(HR)$	0,1497	0	0	1	0
ZnR_2	0,1738	0	0	0	1

Tabelle 1: Wechselwirkungsparameter Λ des Wilson-Modells bei 20°C

Die drei verschiedenen Zinkkomplexarten werden über deren aus dem Massenwirkungsgesetz resultierenden Gleichgewichtsbeziehungen berücksichtigt [9]:

$$(HR)_2 + Zn^{2+} \Leftrightarrow ZnR_2 + 2H^+ \qquad \Rightarrow \qquad K_{Ex,0} = \frac{a_{\overline{ZnR_2,\Sigma}} \cdot a_{H^+}^2}{a_{Zn^{2+}} \cdot a_{\overline{(HR)_2}}} \qquad (15)$$

$$1\tfrac{1}{2}(HR)_2 + Zn^{2+} \Leftrightarrow ZnR_2(HR) + 2H^+ \qquad \Rightarrow \qquad K_{Ex,1} = \frac{a_{\overline{ZnR_2(HR)}} \cdot a_{H^+}^2}{a_{Zn^{2+}} \cdot a_{\overline{(HR)_2}}^{1,5}} \qquad (16)$$

$$2(HR)_2 + Zn^{2+} \Leftrightarrow ZnR_2(HR)_2 + 2H^+ \qquad \Rightarrow \qquad K_{Ex,2} = \frac{a_{\overline{ZnR_2(HR)_2}} \cdot a_{H^+}^2}{a_{Zn^{2+}} \cdot a_{\overline{(HR)_2}}^2} \qquad (17)$$

Die Gleichgewichtskonstanten der verschiedenen Komplexe werden ebenfalls aus den Zinkverteilungsgleichgewichten hergeleitet und sind in Tabelle 2 angegeben.

$K_{Ex,0}$	$K_{Ex,1}$	$K_{Ex,2}$
$5{,}921 \cdot 10^{-3}$ mol/l	$1{,}869 \cdot 10^{-1}$ mol^{0,5}/l^{0,5}	21,936

Tabelle 2: Gleichgewichtskonstanten der Zinkextraktion bei 20°C

Die Kalkulation der Dimer- und Anionaktivitäten des Kationenaustauschers wird nach der Berechnung der nicht in Form der drei Zinkorganokomplexe gebundenen Kationenaustauscherkonzentration vorgenommen.

Die Elektrolytaktivitäten werden nach dem erweiterten Debye-Hückel-Gesetz auf der Basis der individuellen hydratisierten Ionenradien [6] ermittelt.

$$\ln \gamma_i = -\frac{z_i^2 \Im^2 \cdot \kappa}{2\varepsilon_0 \varepsilon_{rel} \Re T N_A \left(1 + \kappa \cdot r_{i,hyd}\right)} \tag{18}$$

Die verwendeten hydratisierten Ionenradien sind in Tabelle 3 aufgeführt.

H^+	Na^+	Zn^{2+}	OH^-	HSO_4^-	SO_4^{2-}	R^-
4,3 Å	3,5 Å	3,2 Å	4,8 Å	3,9 Å	3,7 Å	3,9 Å

Tabelle 3: Verwendete hydratisierte Ionenradien r_{hyd}

4 Ergebnisse

Für die nachfolgenden Simulationsresultate wurden die kalkulierten Parameter der Anpassung der Gleichgewichtsgrenzflächenspannung ohne Zinkextraktion [6] übernommen und nur die zusätzlichen Sorptions- und Aggregatbildungskonstanten numerisch angepasst. Diese ermittelten Konstanten sind in Tabelle 4 gelistet.

$\Gamma_{\infty, \overline{ZnR_2}}$	$K_{L, \overline{ZnR_2}}$	$K_{S, Zn^{2+}}$	$K_{Ag, \overline{ZnR_2}}$	h
$1,189 \cdot 10^{-4}$ mol/m^2	$5,029 \cdot 10^4$ l/mol	$1,649 \cdot 10^5$ l/mol	$21,936$ (mol/l)$^{1-h}$	10

Tabelle 4: Adsorptive Kennwerte der Zinkextraktion bei 20°C

Die maximale Grenzflächenkonzentration des Zinkkomplexes ist ungewöhnlich hoch und deutlich größer als die des Monomers oder gar des Anions [9]. Dieser Befund verwundert zunächst, da sich der reziproke Wert proportional dem minimalen Grenzflächenbedarf verhält und der Zinkkomplex das bei weitem größte Molekül darstellt. Allerdings ist aus der Literatur [11,12] bekannt, dass der beladene Kationenaustauscher als Folge sehr starker intermolekularer attraktiver Wechselwirkungen zwischen den Valenzelektronen des Sauerstoffes der Organophosphorsäure und den Zinkatomen zur Bildung von Polymeren neigt. Eine weitere Auswirkung der starken intermolekularen Kräfte ist die sehr hohe Aggregationskonstante.

Die Bedeutung der Stern'schen Adsorptionskonstante des Zinks ist nicht unbedeutsam, da sich für den Fall der Unterdrückung der Zinkadsorption die Fehlerquadratsumme des Datenfittings um 30 % erhöht. Dies befremdet, da wegen der Extraktionskonstanten eigentlich größere Konzentrationen der Zinkionen und des anionischen Kationenaustauscherrestes nicht vereinbar sind. Da aber die Konzentration des anionischen Kationenaustauscherrestes im untersuchten Bereich sehr klein ist, wird der Gegenionadsorption des Zinks als Folge der unzureichenden Beschreibung der Aggregatbildung über nur eine Aggregationsform eine stärkere Bedeutung beigemessen.

An den kalkulierten Grenzflächenspannungsverläufen bei reinem Zinksulfatzusatz (Bild 1) erkennt man, dass das vorgestellte Modell in der Lage ist, die gemessenen Verläufe abzubilden. Lediglich für die hohe Zinksulfatausgangskonzentration prognostiziert das Modell zwei lokale Extremwerte, die experimentell nicht gefunden wurden. Sowohl der Plateaubereich wird richtig bemessen als auch die Grenzflächenspannungen der anderen Zonen werden stimmig wiedergegeben. Mit der Erweiterung des Aggregationsmodells auf mehrere polynäre Aggregationsformen ließen sich die verbleibenden Schwächen beheben.

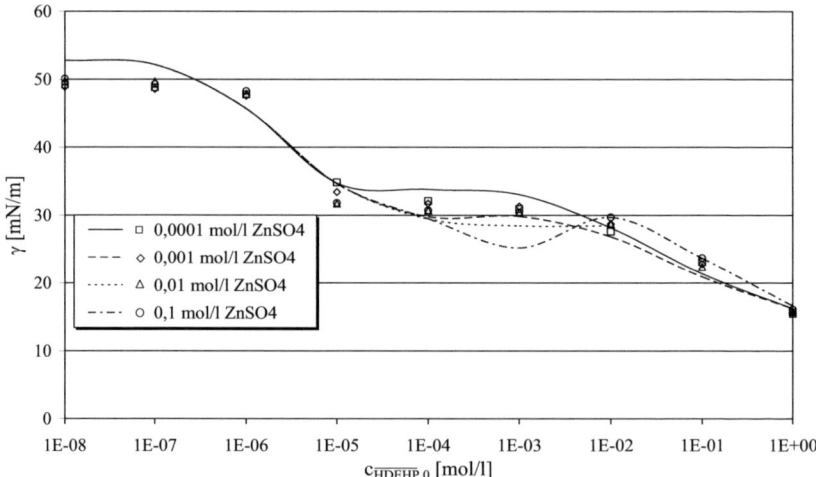

Bild 1: Grenzflächenspannungen für verschiedene Zinksulfatzusätze

Die Leistungsfähigkeit des vorgestellten Modells zeigt sich auch bei den weiteren Grenzflächenspannungsverläufen. Die Grenzflächenspannungen können für die beiden verschiedenen Zinksulfatausgangskonzentrationen 0,01 mol/l (Bild 2) und 0,001 mol/l (Bild 3) in Abhängigkeit der unterschiedlichen Natriumsulfat- und Schwefelsäurekonzentrationen weitestgehend adäquat wiedergegeben werden. Qualitative Abweichungen zwischen Theorie und Experiment treten lediglich bei Zugabe von 0,01 mol/l Natriumsulfat auf. In diesen Fällen prognostiziert das Model ein Schwingen der Grenzflächenspannung um den gemessenen Plateaubereich. Neben der unzureichenden Beschreibung der Aggregation der Zinkkomplexe kann dieses eine Folge der fehlerhaften Modellierung der Adsorption der ionischen Komponenten sein.

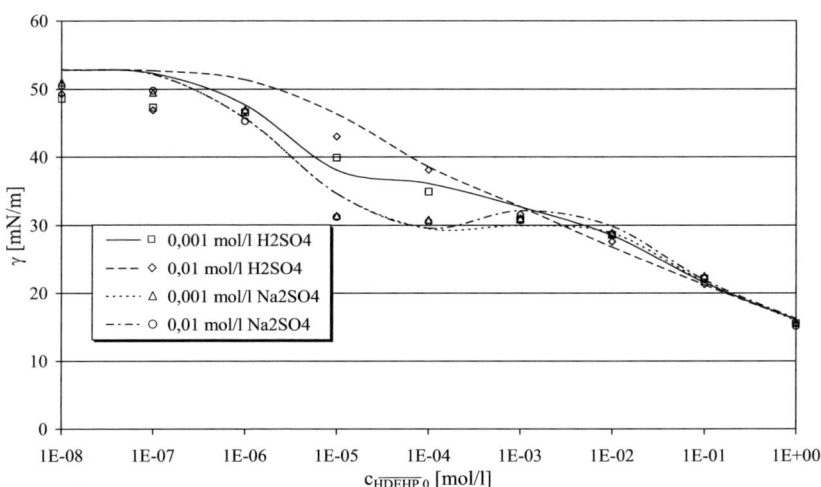

Bild 2: Grenzflächenspannungen für 0,01 mol/l Zinksulfat und verschiedene Zusatzelektrolyte

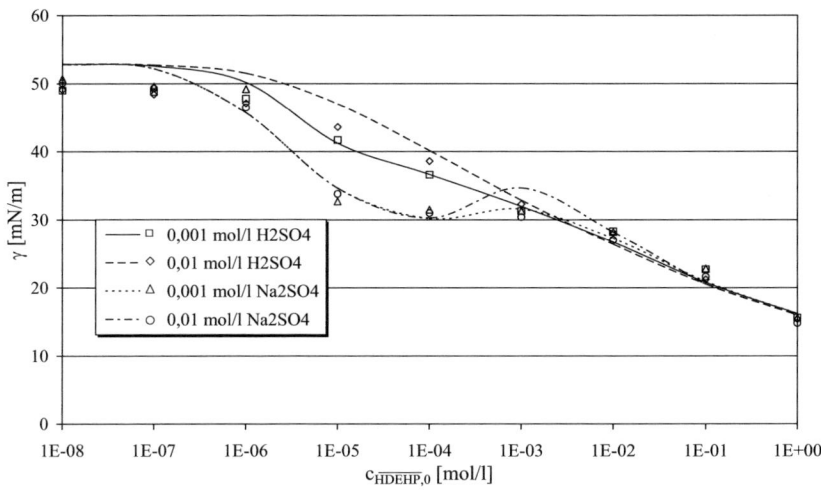

Bild 3: Grenzflächenspannungen für 0,001 mol/l Zinksulfat und verschiedene Zusatzelektrolyte

Von besonderer Bedeutung sind die gemessenen Grenzflächenspannungsverläufe ohne zusätzliche Ansäuerung. Hier erkennt man den starken Grenzflächenspannungsabfall zwischen den HDEHP-Gesamtkonzentrationen 1 µmol/l und 10 µmol/l, der weitaus intensiver ist als in den Stoffsystemen ohne Zinkextraktion. Dieses und die Tatsache, dass durch den Verzicht auf die Zinkkomplexadsorption bei der Modellierung der Grenzflächenspannung die gemessenen

9

Kurven nicht mehr konsistent durch das Modell wiedergegeben werden können, bestätigen die ausgeprägte Grenzflächenaktivität des unsolvatisierten Zinkkomplexes. Der gefundene Plateaubereich und auch die Messungen im angesäuerten Stoffsystem verifizieren die fehlende Grenzflächenaktivität der solvatisierten Zinkkomplexe, da, wenn der Zinkkomplex solvatisiert vorliegt, die Grenzflächenspannung nur durch die Adsorption der Monomere und Anionen des Kationenaustauschers stimmig abgebildet werden kann. Aus der fehlenden Grenzflächenaktivität der solvatisierten Zinkkomplexe und der starken Grenzflächenaktivität beim ligandenfreien Zinkkomplex kann gefolgert werden, dass die Solvatisierung außerhalb der Phasengrenze nach der Desorption des ligandenfreien Zinkkomplexes erfolgt.

5 Zusammenfassung

Ein selbst entworfenes Modell der pseudo-nichtionischen Modellierung von Adsorptionsgleichgewichten bei Verwendung des Kationenaustauschers HDEHP wird auf den Fall der Zinkextraktion ausgeweitet. Neben der allgemein bekannten Grenzflächenaktivität des Monomers und des anionischen Restes des Kationenaustauschers wird zusätzlich der ligandenfreie Zinkkomplex des beladenen Kationenaustauschers als weitere grenzflächenaktive Komponente berücksichtigt. Diese grenzflächenaktiven Stoffe werden durch Verwendung der Langmuir-Isothermen der Mehrkomponentenadsorption bei der Formulierung der Gibbs-Duhem'schen Gleichung für den Fall der Zinkextraktion mit HDEHP bedacht. Wie schon im ersten Teil der Veröffentlichungsreihe kann die Gegenionenadsorption der Elektrolyte über die Stern'sche Isotherme bei der Anreicherung des Anions des Kationenaustauschers involviert werden, wobei das Grenzflächenpotenzial vernachlässigt wird. Die ausgeprägte Neigung des ligandenfreien Zinkkomplexes sich in polynären Aggregaten zu organisieren wird über ein einfaches Modell beschrieben. Dieses Modell geht davon aus, dass die Aggregate die gleiche Aggregationszahl besitzen und die Extraktionsgleichgewichte nicht durch die Aggregatbildung beeinflusst werden.

Die Simulation der Gleichgewichtsgrenzflächenspannung bei der Extraktion aus wässerigen Zinksulfatlösungen ohne Zusatz weiterer Elektrolyte gibt die gemessenen Grenzflächenspannungen gut wieder. Lediglich für die hohe Zinksulfatkonzentration von 0,1 mol/l kommt es im HDEHP-Konzentrationbereich von 0,1 mmol/l bis 10 mmol/l zu starken Abweichungen, die eine Folge des einfachen Aggregationsmodells sind. Der Einfluss des Zusatzes von Natriumsulfat oder Schwefelsäure zu den Systemen der Zinkextraktion kann stimmig beschrieben werden. Nur bei geringer Zinksulfatkonzentration und hoher Natriumsulfatkonzentration in der wässerigen Vorlage findet man für eine 1 mmolare HDEHP-

Konzentration eine Unstimmigkeit. Diese Diskrepanz zwischen Modell und Messwert kann neben der vereinfachten Beschreibung der Aggregationen auch durch eine fehlerhafte Berechnung der Adsorption des anionischen Kationenaustauscherrestes und der daraus resultierenden Gegenionenadsorption bedingt sein.

Nomenklatur

Variablen

a	Aktivität
K	Adsorptionskonstante, chemische Gleichgewichtskonstante
n	Aggregationszahl des Zinkkomplexes
r	Radius
T	Temperatur
x	Molanteil
z	Ladungszahl
Γ	Grenzflächenkonzentration
γ	Grenzflächenspannung, Aktivitätskoeffizient
Δ	Differenz
κ	Debye-Hückel-Länge
Λ	Wilson'scher Wechselwirkungsparameter

Indizes

Ex	Extraktionsgleichgewicht
hyd	hydratisiert
i, j, k	Komponente
L	Langmuir
Ag	Aggregat
S	Stern'sche Isotherme
Σ	gesamt
∞	maximal

Naturkonstanten

N_A	Avogadrosche Zahl
ε_0	Dielektrizitätskonstante des Vakuums
π	Ludolfsche Zahl
T	Faradaysche Konstante
Y	ideale Gaskonstante

11

Appendix

Nach Einführung der Stern'schen Isothermen Gl. (4) bis Gl. (7) erhält man zusammen mit der Kopplung Gl. (8) aus der Gibbs'schen Adsorptionsgleichgung Gl. (1):

$$d\gamma = -\Re T \left[\left(\Gamma_{\overline{HR}} + \Gamma_{R^-} \right) \frac{da_{\overline{HR}}}{a_{\overline{HR}}} + \Gamma_{Zn^{2+}} \frac{da_{Zn^{2+}}}{a_{Zn^{2+}}} \right.$$
$$- \frac{1 + K_{S,Na^+} a_{Na^+} + K_{S,Zn^{2+}} a_{Zn^{2+}}}{1 + K_{S,H^+} a_{H^+} + K_{S,Na^+} a_{Na^+} + K_{S,Zn^{2+}} a_{Zn^{2+}}} \Gamma_{R^-} \frac{da_{H^+}}{a_{H^+}}$$
$$+ \frac{K_{S,Na^+}}{1 + K_{S,H^+} a_{H^+} + K_{S,Na^+} a_{Na^+} + K_{S,Zn^{2+}} a_{Zn^{2+}}} \Gamma_{R^-} da_{Na^+}$$
$$\left. + \frac{K_{S,Zn^{2+}}}{1 + K_{S,H^+} a_{H^+} + K_{S,Na^+} a_{Na^+} + K_{S,Zn^{2+}} a_{Zn^{2+}}} \Gamma_{R^-} da_{Zn^{2+}} \right]$$

(A1)

Diese Gleichung kann man in einen nichtionischen und drei verschiedene ionische Anteile separieren. Für den nichtionischen Anteil der Grenzflächenspannungsänderung erhält man nach Einsetzung der Langmuir-Isothermen und anschließender Integration:

$$\Delta\gamma_{\overline{HR},R^-,\overline{ZnR_2}} = -\Re T \left(\int \left(\Gamma_{\overline{HR}} + \Gamma_{R^-} \right) \frac{\partial a_{\overline{HR}}}{a_{\overline{HR}}} + \int \Gamma_{\overline{ZnR_2}} \frac{\partial a_{\overline{ZnR_2}}}{a_{\overline{ZnR_2}}} \right) + c_1$$
$$= -\Re T \left(\frac{\Gamma_{\infty,\overline{HR}} K_{L,\overline{HR}} a_{\overline{HR}} + \Gamma_{\infty,R^-} K_{L,R^-} a_{R^-}}{K_{L,\overline{HR}} a_{\overline{HR}} + K_{L,R^-} a_{R^-}} + \Gamma_{\infty,\overline{ZnR_2}} \right)$$
$$\cdot \ln\left(1 + K_{L,\overline{HR}} a_{\overline{HR}} + K_{L,R^-} a_{R^-} + K_{L,\overline{ZnR_2}} a_{\overline{ZnR_2}} \right) + c_1$$

(A2)

Die Integrationskonstante wird durch den stetigen Übergang zur nichtextraktiven Darstellung, die im ersten Teil der Veröffentlichungsreihe [6] hergeleitet wird, bestimmt.

Die Integration der ionischen Grenzflächenspannungsanteile des Natrium- und des Zinkions erfolgt ohne zusätzliche Umformungen. Die zugehörigen Integrationskonstanten werden durch das Kriterium definiert, dass bei Wegfall eines Gegenions auch sein entsprechender Beitrag zur Grenzflächenspannungsänderung entfallen muss.

$$\Delta\gamma_{Na^+} = -\Re T \int \frac{K_{S,Na^+}}{1 + K_{S,H^+} a_{H^+} + K_{S,Na^+} a_{Na^+} + K_{S,Zn^{2+}} a_{Zn^{2+}}} \Gamma_{R^-} da_{Na^+} + c_2$$
$$= -\Re T \Gamma_{R^-} \ln\left(1 + \frac{K_{S,Na^+} a_{Na^+}}{1 + K_{S,H^+} a_{H^+} + K_{S,Zn^{2+}} a_{Zn^{2+}}} \right)$$

(A3)

$$\Delta\gamma_{Zn^{2+}} = -\Re T \int \frac{K_{S,Zn^{2+}}}{1 + K_{S,H^+} a_{H^+} + K_{S,Na^+} a_{Na^+} + K_{S,Zn^{2+}} a_{Zn^{2+}}} \Gamma_{R^-} da_{Zn^{2+}} + c_3$$
$$= -\Re T \Gamma_{R^-} \ln\left(1 + \frac{K_{S,Zn^{2+}} a_{Zn^{2+}}}{1 + K_{S,H^+} a_{H^+} + K_{S,Na^+} a_{Na^+}} \right)$$

(A4)

12

$$\Delta\gamma_{H^+} = \Re T \int \frac{1 + K_{S,Na^+} a_{Na^+} + K_{S,Zn^{2+}} a_{Zn^{2+}}}{1 + K_{S,H^+} a_{H^+} + K_{S,Na^+} a_{Na^+} + K_{S,Zn^{2+}} a_{Zn^{2+}}} \Gamma_{R^-} \frac{da_{H^+}}{a_{H^+}} + c_4 \tag{A5}$$

Zur Lösung dieses Integrationsproblem bedient man sich der folgenden Substitutionsvorschriften:

$$A^* = 1 + K_{L,\overline{HR}} a_{\overline{HR}} + K_{L,\overline{ZnR_2}} a_{\overline{ZnR_2}} \tag{A6a}$$

$$B^* = K_{L,R^-} \frac{K_a}{K_p} a_{\overline{HR}} \tag{A6b}$$

$$A = K_{S,H^+}(1 + K_{L,\overline{HR}} a_{\overline{HR}} + K_{L,\overline{ZnR_2}} a_{\overline{ZnR_2}}) \tag{A6c}$$

$$B = (1 + K_{S,Na^+} a_{Na^+} + K_{S,Zn^{2+}} a_{Zn^{2+}})(1 + K_{L,\overline{HR}} a_{\overline{HR}} + K_{L,\overline{ZnR_2}} a_{\overline{ZnR_2}}) + K_{L,R^-} \frac{K_a}{K_p} a_{\overline{HR}} K_{S,H^+} \tag{A6d}$$

$$C = K_{L,R^-} \frac{K_a}{K_p} a_{\overline{HR}}(1 + K_{S,Na^+} a_{Na^+} + K_{S,Zn^{2+}} a_{Zn^{2+}}) \tag{A6e}$$

Diese werden in die tabellierte Lösung unbestimmter Integrale [13]

$$\Delta\gamma_{H^+} = \Re T \Gamma_{\infty,R^-} \left(\int \frac{B^*}{a_{H^+}(A^* a_{H^+} + B^*)} \partial a_{H^+} - \int \frac{B^* K_{H^+}}{A a_{H^+}^2 + B a_{H^+} + C} \partial a_{H^+} \right) + c_4$$

$$= -\Re T \Gamma_{\infty,R^-} \left(\ln \frac{A^* a_{H^+} + B^*}{a_{H^+}} + \frac{B^* K_{H^+}}{\sqrt{B^2 - 4AC}} \ln \frac{2A a_{H^+} + B - \sqrt{B^2 - 4AC}}{2A a_{H^+} + B + \sqrt{B^2 - 4AC}} \right) + c_4 \tag{A7}$$

eingesetzt. Die Ermittlung der Integrationskonstanten entspricht der Vorgehensweise bei den beiden anderen Ionen.

Literatur

[1] Bart, H.-J.; Maier, S.; Marr, R.; Weiß, S.: Apparateauswahl und Verwendung reaktionskinetischer Ansätze bei der Reaktivextraktion von Metallionen; Chemische Technik 45 (1993) 107-115

[2] Göttert, W.: Wissensbasierte Auswahl und Auslegung von Extraktoren; Shaker Verlag, 1993

[3] Chang, C.-H.; Franses, E. I.: *Adsorption dynamics of surfactants at the air/water interface: A critical review of mathematical models, data and mechanismus*; Colloids Surfaces A 100 (1995) 1-45

[4] Miller, R.; Aksenenko, E. V.; Liggieri, L.; Ravera, F.; Ferrari, M.; Fainerman, V. B.: *Effect of the reorientation of oxyethylated alcohol molecules within the surface layer on equilibrium and dynamic surface pressure*; Langmuir 15 (1999) 1328-1336

[5] Hsu, C.-T.; Chang, C.-H.; Lin, S.-Y.: *Comments on the adsorption isotherm and determination of adsorption kinetics*; Langmuir 13 (1997) 6204-6210

[6] Klapper, P.: *Adsorptionsgleichgewichte von Di(2-ethylhexyl)phosphorsäure an der Wasser-Dodekan-Phasengrenze: Einfluss von Zusatzelektrolyt*, GRIN Verlag, 2014

[7] Bart, H.-J.: *Reactive extraction*; Springer-Verlag, 2001

[8] Mörters, M.; Bart, H.-J.: *Extraction equilibria of zinc with bis(2-ethylhexyl)phosphoric acid*; J. Chem. Eng. Data 45 (2000) 82-85

[9] Klapper, P.: *Tensiometrische Stofftransportuntersuchungen der Zinkextraktion mit dem Kationenaustauscher Di(2-ethylhexyl)phosphorsäure*; Dissertation, TU Bergakademie Freiberg, 2010

[10] Song, B.; Springer, J.: *Determination of interfacial tension from the profile of a pendant drop using computer-aided image processing, 1. Theoretical*; J. Colloid Interface Sci. 184 (1996) 64-76

[11] Huang, T.-C.; Juang, R.-S.: *Extraction equilibrium of zinc from sulfate media with bis(2-ethylhexyl)phosphoric acid*; Ind. Eng. Chem. Fundam. 25 (1986) 752-757

[12] Kunzmann, M.; Kolarik, Z.: *Extraction of zinc(II) with di(2-ethylhexyl)phosphoric acid from perchlorate and sulfate media*; Solvent Extraction and Ion Exchange 10 (1992) 35-49

[13] Bronstein, I. N.; Semendjajew, K. A.: *Taschenbuch der Mathematik*; Verlag Harri Deutsch, 1987